AF629154

Sitzungsberichte
der Akademie der Wissenschaften
der DDR
Mathematik – Naturwissenschaften – Technik

8N

1978

Otto Henkel

Kohlenstoffwerkstoffe mit besonderen physikalischen Eigenschaften

AKADEMIE-VERLAG · BERLIN

Sitzungsberichte
der Akademie der Wissenschaften
der DDR
Mathematik — Naturwissenschaften — Technik

Jahrgang 1978 · Nr. 8/N

Otto Henkel

Kohlenstoffwerkstoffe mit besonderen physikalischen Eigenschaften

AKADEMIE-VERLAG · BERLIN
1978

Vortrag gehalten von Otto Henkel, Korrespondierendes Mitglied der AdW der DDR, in der gemeinsamen Sitzung
der Klasse Werkstofforschung und
der AG Technische Wissenschaften
am 15. 9. 1977

Herausgegeben im Auftrage
des Präsidenten der Akademie
der Wissenschaften der DDR
von Vizepräsident Prof. Dr. Heinrich Scheel

Erschienen im Akademie-Verlag, 108 Berlin, Leipziger Str. 3—4
© Akademie-Verlag Berlin 1978
Lizenznummer: 202 · 100/220/78
Gesamtherstellung: VEB Druckhaus Köthen
Bestellnummer: 762 662 5 (2010/78/8/N) · LSV 3015
Printed in GDR
DDR 4,— M

Kohlenstoff wird unter Fachleuten allgemein als das „Element des 20. Jahrhunderts" bezeichnet. Diese Einschätzung steht in engem Zusammenhang mit dem für Kohlenstoff typischen breiten Eigenschaftsspektrum, dessen Anwendung den Aufgaben der Werkstoffentwicklung der Gegenwart in besonderem Maße entgegenkommt.

Erscheinungsformen des Kohlenstoffs sind den Menschen schon seit langem bekannt. Die Kenntnis von Holzkohle (Kohlenstoffgehalt größer als 80%) und Ruß dürften zum ältesten Erfahrungsschatz der Menschheit gehören. Der Diamant

Abb. 1 Sonderkohlenwerkstoffe [1]
links: pyrolytisch mit Hartkohle beschichtete Graphitformteile
Mitte oben: Kohlenstoff in Form von flexiblem Band
darunter: massive Formteile aus pyrolytischem Kohlenstoff
Mitte unten: thermomechanisch behandelter Graphit mit Raumdichten über 2,12 g/cm^3
daneben: verschiedene Formkörper aus glasartigem Kohlenstoff
rechts: Schaumkohlenstoff (für Wärmeisolationszwecke)

wurde bereits im Altertum geschätzt. Seine Bezeichnung leitet sich vom griechischen Wort „adamas", „der Unbezwingbare", ab. Der Diamant rechtfertigt diesen Namen nicht nur durch seine bisher von keinem anderen Stoff erreichte Härte, sondern auch durch die Schwierigkeiten in Verbindung mit seiner künstlichen Herstellung.

Neben Diamant sind es vor allem die Graphitwerkstoffe, die die Vielfalt der verschiedenartigsten Einsatzzwecke von Kohlenstoffwerkstoffen bestimmen.

Abb. 1 enthält einige der bereits in den 60er Jahren im Zentralinstitut für Festkörperphysik und Werkstofforschung der Akademie der Wissenschaften (ZFW) hergestellten Sondergraphite. Diese Palette reicht vom heißverdichteten Graphit geringer Gasdurchlässigkeit über das Band oder die Folie aus flexiblem Kohlenstoff bis hin zu dem Würfel aus wärmeisolierendem Schaumkohlenstoff mit einer Dichte von 0,03 g/cm³.

Bevor auf das breite Eigenschaftsspektrum von Kohlenstoffwerkstoffen — insbesondere von Graphitwerkstoffen — und ihrer praktischen Nutzung unter anderem in der Elektrotechnik/Elektronik, in der Metallurgie, im Maschinen- und Fahrzeugbau sowie in Kerntechnik und Raumfahrt näher eingegangen wird, soll an einige Grundlagen erinnert werden.

1. Das Zustandsdiagramm von Kohlenstoff

Abb. 2 zeigt das Zustandsdiagramm von Kohlenstoff. Graphit ist bei Normalbedingungen die stabile Modifikation von Kohlenstoff und bleibt das auch bei Atmosphärendruck bis zum Sublimationspunkt in der Nähe von 4 000 K. Bei sehr hohen Drücken über 10^4 at wird Diamant stabil. Dem entspricht, daß die Dichte von Diamant mit 3,51 g/cm³ wesentlich größer ist als die des Graphits mit 2,27 g/cm³.

Das Zustandsdiagramm von Kohlenstoff konnte erst 1955 im Zusammenhang mit den ersten geglückten Syntheseversuchen von Diamant bei 2 000 °C und

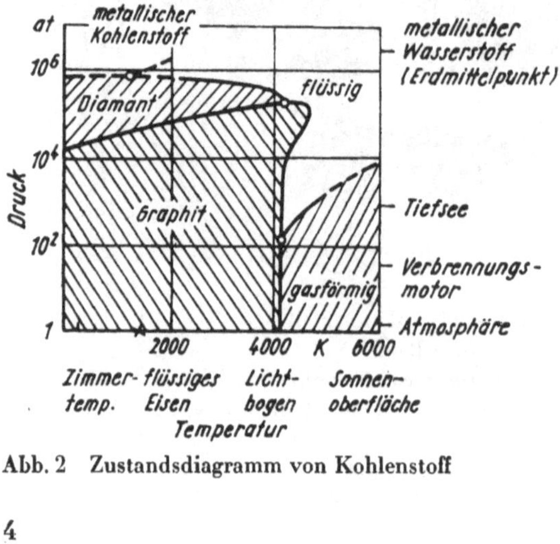

Abb. 2 Zustandsdiagramm von Kohlenstoff

53 000 at ermittelt werden. Das Kreuz in Abb. 2 bei etwa 1 000 °C und 0,2 Torr weist darauf hin, daß 1968 die Diamantensynthese auch unter diesen Bedingungen gelungen ist. Durch Aufkondensieren von Kohlenstoff aus übersättigtem Kohlenstoffdampf umgeht das System die relativ große Keimbildungsarbeit von Graphit.

Seit etwa 1961 werden künstliche Diamanten in größerem Umfang hergestellt und verwendet. Trotz der Bemühungen, seit den 20er Jahren Verbindungen von Kohlenstoff mit einigen Metallen der Gruppen IVa bis VIa (z. B. Wolfram, Titan, Tantal, Vanadium) für die spanende Werkzeugbearbeitung ständig weiterzuentwickeln —. auch am ZFW laufen Entwicklungsarbeiten für Hartstoffe — hat der Diamant seine besondere Stellung bei speziellen Spanungsproblemen, insbesondere bei der Feinstbearbeitung hochfester und harter Werkstoffe behauptet und ausgebaut.

Nach dem Zustandsdiagramm existiert oberhalb von Diamant bei Drücken, die für die Erzeugung von metallischem Wasserstoff erforderlich sind, noch eine weitere Modifikation von Kohlenstoff mit der Dichte von Diamant. In Meteoriten hat man Diamanten gefunden, die zu 30% aus dieser Kohlenstoffmodifikation bestehen.

Besondere Aufmerksamkeit verdient im Zustandsdiagramm noch die Lage des Tripelpunktes. In letzter Zeit wurde mittels Laseraufheizung als Druck am Tripelpunkt $p = (107 \pm 2)$ at bestimmt. Dabei ergab sich für flüssigen Graphit eine Dichte von 1,37 g/cm^3 [2]. Aus der Lage des Tripelpunktes im Zustandsdiagramm ist die hohe Temperaturbeständigkeit von Graphit ablesbar, die für Anwendungen — insbesondere bei Graphitelektroden — besonders wichtig ist. Weiterhin folgt, daß man sich bei der künstlichen Herstellung von Graphit — die Vorkommen an Naturgraphit reichen bei weitem nicht aus, um den ständig steigenden Graphitbedarf zu decken — im wesentlichen keramischer Methoden mit speziellen Bindemitteln bedienen muß. Interessant ist in diesem Zusammenhang, daß es bis Anfang der 70er Jahre dauerte, ehe es in Japan gelang, unter Anwendung entsprechend hoher Drücke und Temperaturen (5 000 at, 1 500 °C) Graphit zu sintern.

2. Struktur und Bindung von Kohlenstoff

In Abb. 3 sind die bekannten Gitter von Diamant und Graphit dargestellt. Bei Diamant ist jedes Kohlenstoffatom tetraedrisch von vier Nachbarn umgeben. Der Abstand benachbarter Kohlenstoffatome beträgt bei Diamant 1.54 Å. Das Graphitgitter besteht aus Schichten, innerhalb derer die Kohlenstoffatome ein hexagonales Netzwerk bilden. Der Abstand benachbarter Kohlenstoffatome beträgt hier 1,42 Å und hat damit etwa den gleichen Wert wie beim Benzolring. Innerhalb der Netzebenen sind starke kovalente Bindungen von etwa 120 kcal/Grammatom C wirksam. Dagegen wirken senkrecht dazu relativ schwache Bindekräfte, denen der große Schichtebenenabstand von 3,35 Å entspricht. Obwohl noch nicht ganz geklärt, wird heute der Zusammenhalt zwischen den Schichtebenen im wesentlichen auf das Wirken van der Waalsscher Kräfte zurückgeführt. Die schwachen Bindungskräfte zwischen den Schichtebenen werden als Ursache für die gute Schmiereigenschaft von Graphit angesehen, da die Schichten bei Anwendung von Scherkräften gut aufeinander abgleiten können. So kann man sich auch die in Abb. 4 gezeichnete rhomboedrische Modifikation von Graphit entstanden denken. Sie wird gelegentlich bei Naturgraphit angetroffen oder entsteht z. B. beim Mahlen. Neben den Stapelfolgen ABC oder ACB ist auch eine völlig statistische Stapelfolge möglich. Alle diese Modifikationen gehen bei 2 000 bis 3 000 °C von selbst in die stabile hexagonale Modifikation über.

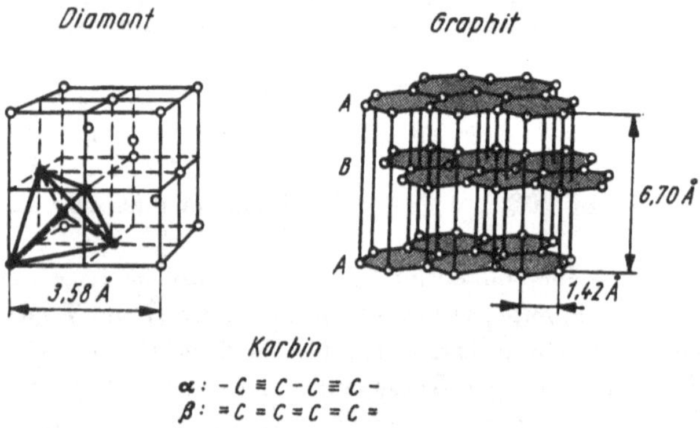

Abb. 3 Drei-, zwei- und eindimensionaler Kohlenstoff

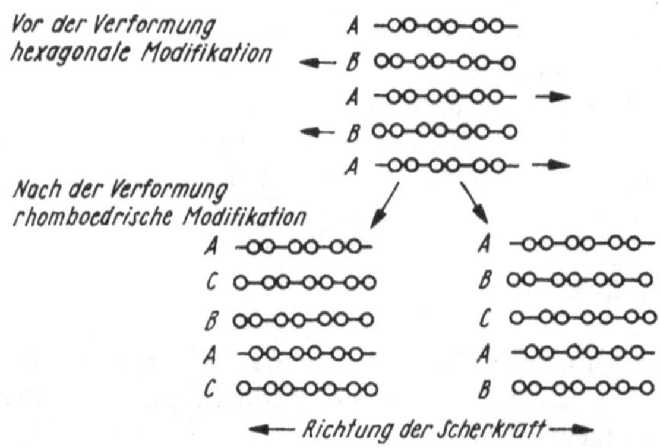

Abb. 4 Übergang der hexagonalen in die rhomboedrische Modifikation durch Einwirkung von Scherkräften [4]

Die bei der Diskussion des Zustandsdiagrammes erwähnte metallische Kohlenstoffmodifikation besteht ebenfalls aus einem hexagonalen Schichtgitter. Entsprechend der höheren Dichte sind die Schichtebenenabstände dieser Modifikation mit 4,12 Å anstelle von 6,70 Å in Abb. 3 kleiner, während der Abstand der Kohlenstoffatome in der Schichtebene mit 2,52 Å sogar größer ist als bei Graphit. Auf diese Modifikation des Kohlenstoffs wird später bei der Besprechung der Eigenschaften von Kohlenstoffwerkstoffen nicht noch einmal eingegangen. Deshalb sei hier bereits erwähnt, daß metallischer Kohlenstoff innerhalb der Schichtebenen den elektrischen Strom etwa zehn- bis zweihundertmal besser leitet als Graphit. Senkrecht dazu ist die Leitfähigkeit etwa viermal so groß wie bei Graphit.

Nach der Behandlung der Struktur des „zweidimensionalen" Kohlenstoffs ist es interessant zu wissen, daß auch „eindimensionaler" Kohlenstoff, das sog. Karbin, in der Natur existiert. Diese Modifikation wurde erstmals Anfang der 60er Jahre in Moskau durch katalytische Oxydation von Azetylen erhalten [3]. Karbin ist ein lineares Polymeres. Auf Grund der Vierwertigkeit von Kohlenstoff sind zwei Modifikationen des Karbins möglich. Sowohl α-Karbin, bei dem sich Einfach- und Dreifachbindungen zwischen den Kohlenstoffatomen abwechseln, als auch das ausschließlich aus Doppelbindungen bestehende β-Karbin konnten erhalten werden. Natürliches Karbin wurde auf unerwartete Weise gefunden. Die Analyse relativ großer Kristalle eines neuen Minerals, das in einem großen Meteoriten entdeckt worden war, ergab, daß es fast reines Karbin darstellt. Auch wurde gezeigt, daß der sog. "weiße Kohlenstoff", der bei der Sublimation von gasförmigem Kohlenstoff gefunden wurde, weitgehende strukturelle Übereinstimmung mit Karbin aufweist.

Abb. 5 Nachweis einkristalliner Bereiche in graphitiertem Petrolkoks

Abb. 6 Elektronenmikroskopische Dunkelfeldabbildung des Kristallgebietes von Abb. 5

Auf Grund theoretischer Berechnungen wird vermutet, daß Karbin insbesondere für hohe Temperaturen und Drücke möglicherweise die stabilste Modifikation des elementaren Kohlenstoffs darstellt. So konnte unter Einwirkung von Laserstrahlen Graphit in Karbin umgewandelt werden und auch die Stabilität von Karbin unter langzeitiger Einwirkung von Temperaturen und Drücken, wie sie für die schnelle Umwandlung von Graphit in Diamant erforderlich sind, nachgewiesen werden.

An dieser Stelle sei bemerkt, daß Karbin ein Halbleiter ist und sich durch eine Fotoleitfähigkeit bis zu 500 °C auszeichnen soll. Das ist wesentlich mehr als bei vielen anderen Materialien gleicher Zweckbestimmung. Auf die herausragenden Festigkeitseigenschaften von Karbin wird später eingegangen.

Unter allen Kohlenstoffmodifikationen stellt gegenwärtig Graphit für Anwendungen insbesondere auf dem Werkstoffsektor die wichtigste Modifikation dar. Wie noch deutlich werden wird, besitzen Graphitwerkstoffe ein derart breites Eigenschaftsspektrum, wie es wohl bei keinem anderen Werkstoff zu finden ist. Das ist im wesentlichen eine Folge der besprochenen hochgradigen Bindungsanisotropie der Schichtstruktur. Doch sind Abweichungen von der Idealstruktur ebenfalls von großer Bedeutung für die Eigenschaften realer Graphitwerkstoffe.

Abb. 5 zeigt eine Elektronenbeugungsaufnahme eines graphitierten Petrolkokses, wie er in Graphitelektroden eingesetzt wird. Da die Helligkeitsmaxima hexagonaler Symmetrie noch eine Struktur besitzen, erfolgt hier die Beugung offenbar an mehreren ein wenig gegeneinander verdrehten Kristalliten. Abb. 6 stellt die elektronenmikroskopische Dunkelfeldabbildung dieses Kristallgebietes dar. Man erkennt innerhalb der einkristallinen Bereiche sog. Moiré-Streifen mit unterschied-

Abb. 7 Elektronenmikroskopische Abdruckaufnahme einer Koksoberfläche

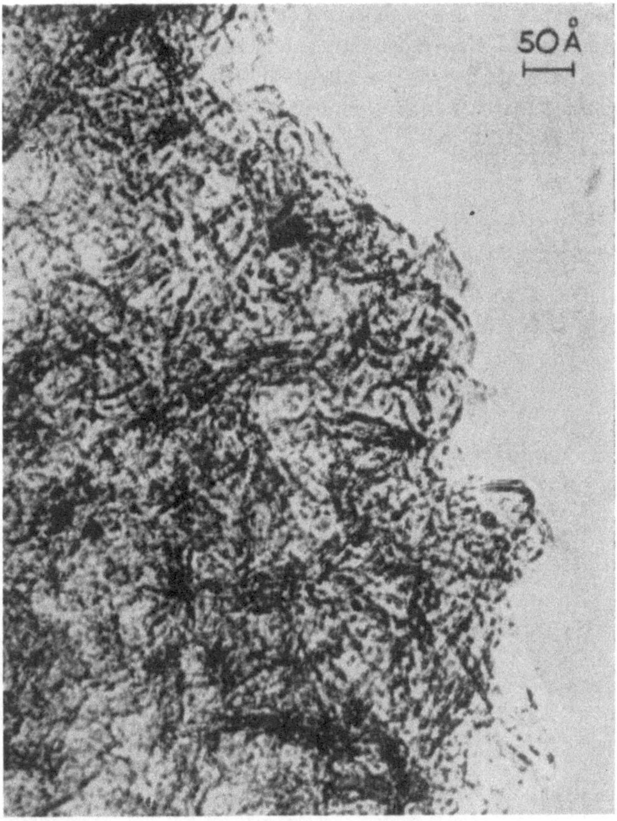

Abb. 8 Elektronenmikroskopische Aufnahme von Glaskohlenstoff aus Phenolharz [5]

lichem Abstand. Diese Streifung entsteht, wenn überlappende Kristallite gegeneinander verdreht vorliegen, wie das auch dem Beugungsbild zu entnehmen ist. Unregelmäßigkeiten in der Moiré-Struktur weisen auf Kristallbaufehler hin.

Abb. 7 zeigt die elektronenmikroskopische Abdruckaufnahme einer Koksoberfläche nach Gefügeentwicklung durch Ionensätzen. Hier wird der Lamellenaufbau, der der Schichtstruktur von Graphit entspricht, sichtbar. Nur bestimmte Spezialkokse zeigen nach der Graphitierungsbehandlung eine gute kristalline Struktur. Als Maß für den Kristallisations- oder Graphitierungsgrad kann die Abnahme des röntgenographisch bestimmten Schichtebenenabstandes c/2 von 3,44 Å auf 3,35 Å verwendet werden. Daneben existieren parakristalline Graphitstrukturen, bei denen sich Schichtebenenabstände ergeben, die wesentlich über 3,44 Å — teilweise bei 3,60 bis 3,70 Å — liegen.

In Abb. 8 ist die elektronenmikroskopische Aufnahme der Mikrostruktur von Glaskohlenstoff gezeigt. Dieser entsteht bei der thermischen Zersetzung bestimmter kohlenstoffhaltiger Stoffe, die bei ihrem thermischen Abbau keine flüssige Phase durchlaufen. Man erkennt sehr kleine Kristallite unterschiedlichster Orientierung mit dazwischenliegenden stark gestörten Bereichen. Im dazugehörigen Strukturmodell von Abb. 9 vermutet man einen Zusammenhang zu den hochgradig vernetzten Kunststoffen.

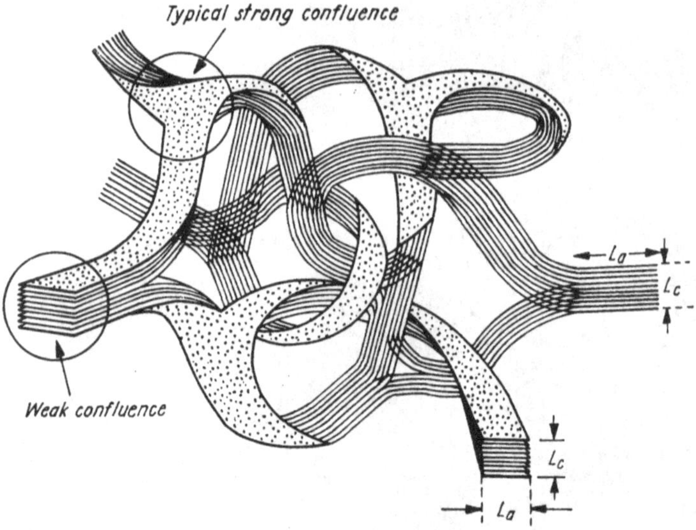

Abb. 9 Strukturmodell von Glaskohlenstoff [5]

3. Eigenschaften von Kohlenstoffwerkstoffen

Unter den Eigenschaften der Kohlenstoffwerkstoffe Diamant und Graphit ist die technische Bedeutung der heute noch von keinem anderen Stoff erreichten Härte von Diamant hinreichend bekannt. Diamant wird in Werkzeugen zum Bohren, Schneiden und Schleifen besonders harter Materialien, so auch für Tiefenbohrungen, als Ziehsteine zur Herstellung sehr dünner Drähte, z. B. für Glühlampen, als Achslager für Präzisionsinstrumente usw. eingesetzt. Im folgenden werden deshalb und auf Grund ihres breiten Anwendungsspektrums vor allem technisch wertvolle Eigenschaften von Graphitwerkstoffen besprochen.

Zunächst zeichnen sie sich allgemein durch eine außerordentliche Variationsbreite aus, die im wesentlichen eine Folge der hochgradigen Bindungsanisotropie des Graphitschichtengitters ist. Darüber hinaus sind bei der Beurteilung der konkreten Eigenschaften der Kohlenstoffwerkstoffe die besprochenen Abweichungen von der Idealstruktur sowie die Besonderheiten der verschiedenartigen Herstellungsprozesse (Ausgangsstoffe, Gefügemerkmale) mit heranzuziehen. In Abb. 10

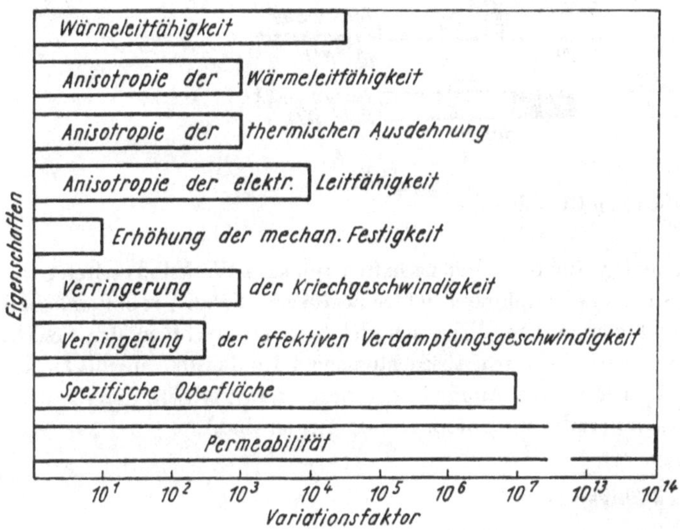

Abb. 10 Variationsbreite einiger Eigenschaften konventioneller und neuartiger Kohlenstoffwerkstoffe [1]

ist die Variationsbreite einiger Eigenschaften konventioneller und neuartiger Kohlenstoffwerkstoffe dargestellt, die mit den heute zur Verfügung stehenden Ausgangsstoffen und den entwickelten Herstellungsverfahren realisiert werden können. Danach existieren zur Zeit bereits Kohlenstoffwerkstoffe — genauer Graphitwerkstoffe — die sich in ihrer Wärmeleitfähigkeit um mehr als einen Faktor 10^4 unterscheiden. Dabei macht die Anisotropie der Wärmeleitfähigkeit der Graphiteinkristalle bereits einen Faktor 10^3 aus. Der Anisotropiefaktor bei der elektrischen Leitfähigkeit beträgt sogar 20 000 und stellt den größten bisher bekannten Wert für Anisotropiefaktoren überhaupt dar. Diese und weitere mit Kohlenstoffwerkstoffen erreichbaren technisch wertvollen Eigenschaften werden in Abb. 11 mit denjenigen Spitzenwerten

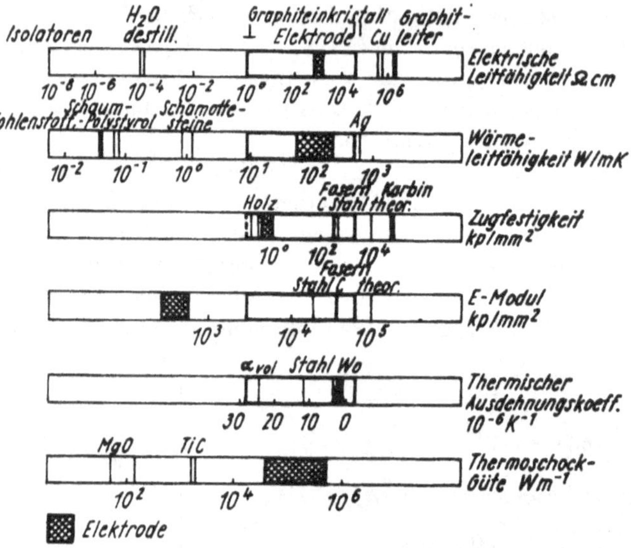

Abb. 11 Eigenschaften von Graphit

verglichen, die für andere für diese Eigenschaften typische Werkstoffvertreter charakteristisch sind. Die stark umrahmten Felder begrenzen die an Graphiteinkristallen oder Pyrographit gemessenen Werte parallel bzw. senkrecht zu den Schichtebenen. (Pyrographit entsteht durch Abscheidung von Kohlenstoff auf heißer Unterlage, wobei die Anordnung der Atome in der Regel derart erfolgt, daß die hexagonalen Schichtebenen parallel zur Unterlage ausgerichtet sind.)

3.1. Elektrische Leitfähigkeit

In Richtung der Schichtebenen ist die elektrische Leitfähigkeit von Graphit vergleichbar mit der von guten metallischen Leitern, wie Aluminium und Kupfer. Die Ursache für die hohe elektrische Leitfähigkeit ist darin zu sehen, daß innerhalb der Graphitschichtebenen nur 3 oder 4 Valenzelektronen gebunden sind. Da die nicht gebundenen Elektronen bevorzugt einer Schicht angehören, und nur selten von einer Schicht zur nächsten wechseln, leitet der Graphiteinkristall den elektrischen Strom senkrecht zu den Schichtebenen sehr schlecht. (In mancher Hinsicht verhält sich Graphit in dieser Richtung wegen des positiven Temperaturkoeffizienten der elektrischen Leitfähigkeit wie ein Halbleiter.)

Auf Grund ihrer günstigen elektrischen Eigenschaften werden Kleinkohlenerzeugnisse aus Graphit in der Elektrotechnik als Kontaktmaterial, als Mikrofongrieß, druckgeregelte Widerstände, Anoden und Gitter für Gleichrichter, Lichtbogenkohlen usw. verwendet.

In Abb. 11 sind auch die guten Leitfähigkeitswerte (Schraffur) von Graphitelektroden eingezeichnet, die als sich verbrauchende Stromzuführungselemente für die Erzeugung von Elektrostahl im Lichtbogenschmelzverfahren eingesetzt werden. Auf die relevanten Werkstoffeigenschaften von hochbelastbaren Graphitelektroden wird noch gesondert eingegangen.

Wie in Abb. 11 eingezeichnet, soll auf der Basis von Graphit eine im Vergleich zu Kupfer höhere elektrische Leitfähigkeit erreicht worden sein [6]. Die Grundlage für die Entwicklung derartiger Graphitleitermaterialien wurden bereits in den 60er Jahren gelegt.

Material	elektr. Leitfähigk. $\Omega^{-1}cm^{-1}$	Ladungsträgerkonz. cm^{-3}	Beweglichkeiten cm^2/Vs
Cu	$5{,}9 \times 15^5$	$0{,}8 \times 10^{23}$	32
Al	$3{,}7 \times 10^5$	$1{,}7 \times 10^{23}$	13
Graphit	3×10^4	$2{,}0 \times 10^{19}$	~ 10 000

Abb. 12 Vergleich elektronischer Transporteigenschaften

In Abb. 12 können die Werte für die Ladungsträgerkonzentration und die Beweglichkeit, die die elektrische Leitfähigkeit innerhalb der hexagonalen Schichtebenen von Graphit bestimmen, mit den entsprechenden Werten für metallische Leiter verglichen werden. Danach ist die relativ gute Leitfähigkeit von Graphit vor allem eine Folge der hohen Beweglichkeit der Ladungsträger in den Schichtebenen. Diese ist durch die starken Bindungen innerhalb des hexagonalen Kohlenstoffnetzes erklärbar (Graphit besitzt z. B. innerhalb der Schichtebenen einen sehr hohen Elastizitätsmodul, siehe Abb. 11), so daß die thermisch angeregten Schwingungen hohe Frequenzen haben und damit die Elektron-Phonon-Streuung auf ein Minimum beschränkt wird. Andererseits ist die Anzahl der Ladungsträger so gering, daß die elektrische Leitfähigkeit von Graphit noch um mehr als eine Größenordnung unter dem Wert von Kupfer liegt.

Das Entwicklungsprinzip synthetischer Metalle [7] auf der Grundlage von Graphit besteht darin, durch Einlagerung (Interkalation) von Fremdatomen in das Graphitgitter (Abb. 13) die Zahl der Ladungsträger wesentlich zu erhöhen. Das ist möglich, weil das hexagonale Netzwerk der Kohlenstoffatome genau wie aromatische Riesenmoleküle amphotere Eigenschaften besitzt. Dadurch können diese Atome je nach den eingelagerten Fremdatomen Elektronen aufnehmen oder auch abgeben. Da zwischen den Schichtebenen nur eine geringe Bindung vorhanden ist, lassen sich relativ leicht viele Fremdatome einlagern; damit ist eine bedeutende Erhöhung der Ladungsträgerkonzentration und damit der Leitfähigkeit erreichbar.

Die üblicherweise mit Dotierungen verbundene Verringerung der Ladungsträgerbeweglichkeit kann im Falle der Graphiteinlagerungsverbindungen vernachlässigt werden, da die zwischen die Schichtebenen eingelagerten Fremdatome für die Elektronenbewegung innerhalb der Schichtebenen keine Hindernisse (Streuzentren) darstellen.

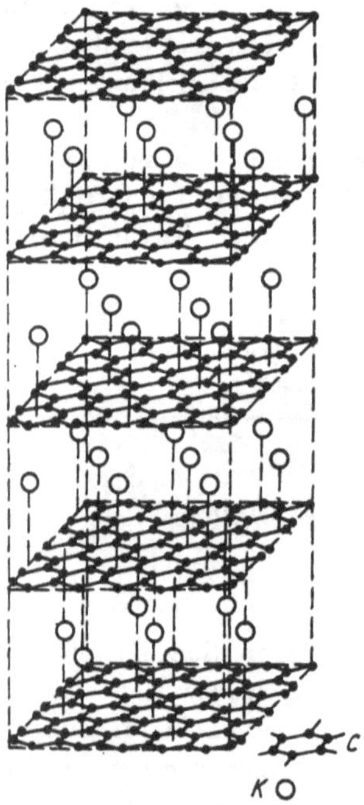

Abb. 13 Schematische Darstellung einer Graphitinterkalationsverbindung [7]

Interkalant	Erhöhung der elektrischen Leitfähigkeit gegenüber Graphit a-Richtung	c-Richtung	σ_a/σ_{Cu}
Donatoren			
K	4	300	0,17
Akzeptoren			
JCl	13	0,06	0,55
HF + SbF_5	40	—	1,4 ··· 2

Abb. 14 Graphitinterkalationsverbindungen

In Abb. 14 ist ein Überblick über die für verschiedene Interkalanten erzielte Erhöhung der elektrischen Leitfähigkeit von Graphit gegeben. Danach sind Akzeptoren günstiger als Donatoren. Die Auswahl geeigneter Interkalanten führte auf das

System HF + SbF_5. Der in [6] angegebene Spitzenwert 40 der Leitfähigkeitserhöhung bedeutet eine gegenüber Kupfer um den Faktor 1,4 bis 2 höhere Leitfähigkeit. Dazu ist zu sagen, daß in Wirklichkeit die Leitfähigkeit an einem Hüllenverbund aus Kupfer mit interkaliertem Graphitpulver gemessen wurde. Man erhielt einen Leitfähigkeitswert, der etwa dem der Kupfermatrix entsprach. Der Graphitkern weist nach Korrektur auf die theoretische Dichte Leitfähigkeitswerte auf, die um einen Faktor 2 über dem Wert von Kupfer liegen. Diese günstigen Werte konnten neuerdings durch Experimente an interkaliertem Pyrographit nicht mehr bestätigt werden [8]. Unter Berücksichtigung, daß die Schichtebenenabstände durch Interkalation fast verdoppelt werden, wurde annähernd nur 1/3 des Wertes für Kupfer erreicht.

3.2. *Wärmeleitfähigkeit*

In Abb. 11 ist zu sehen, daß Graphit auch eine außerordentlich große Anisotropie der Wärmeleitfähigkeit besitzt. Die Wärmeleitfähigkeit parallel zu den Schichten ist etwa 250mal größer als senkrecht dazu, übertrifft die des Kupfers und erreicht sogar den Wert von Silber. Über den Mechanismus des Wärmetransportes in Graphit war man sich in der Literatur lange Zeit uneinig. Heute ist man davon überzeugt, daß er zu 99% von Gitterschwingungen getragen wird. Dem entspricht die bereits in Abb. 12 gezeigte geringe Ladungsträgerkonzentration, so daß die Leitungselektronen bei normalen Temperaturen für den Wärmetransport im Graphit keine Rolle spielen. Weiterhin kann als Beweis dafür das Wiedemann-Franzsche Gesetz dienen, nach dem das Produkt aus Wärmeleitfähigkeit, elektrischem Widerstand und reziproker Temperatur bei Metallen den konstanten Wert von $2{,}45 \times 10^{-8}$ $(V/K)^2$ besitzt.

Nach Abb. 15 ist dieses Produkt nicht konstant und für unterschiedliche Graphite sehr verschieden von dem Wert für die Wärmeleitfähigkeit durch freie Elektronen.

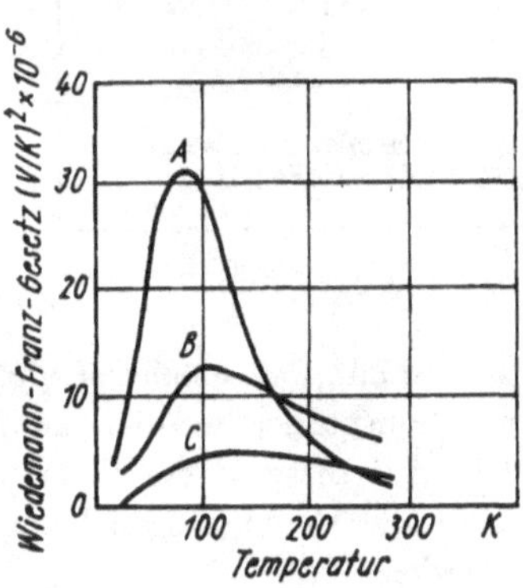

Abb. 15 Wiedemann-Franz-Gesetz für Graphit als Funktion der Temperatur [9]; A Naturgraphit, B Pyrographit, C Ruß

Einen weiteren Beweis für das Zustandekommen der Wärmeleitfähigkeit durch Gitterschwingungen kann man darin erblicken, daß durch Zusatz bestimmter Verunreinigungen, wie z. B. Bor, die elektrische Leitfähigkeit sehr stark verändert werden kann, während die Wärmeleitfähigkeit unverändert bleibt.

Die starke Anisotropie der Wärmeleitfähigkeit von gut orientiertem Graphit bleibt bis zu extrem hohen Temperaturen bestehen. Deshalb ist zum Beispiel Pyrographit als Wandmaterial zum Bau von Hochtemperaturkammern besonders geeignet, um je nach Bedarf eine gute Wärmeleitung oder Wärmeisolierung zu erreichen. In Abb. 16 ist der Aufbau eines induktiv geheizten Graphittiegels gezeigt, mit dem Temperaturen über 3000 °C erreichbar sind. Infolge der geringen Wärmeleitfähigkeit senkrecht zu den Wänden lassen sich Temperaturgradienten von über 300°/mm realisieren. Durch Verwendung geschlitzter zylindrischer Wände können Strahlungsverluste weiter herabgesetzt werden, indem die Wärme nur im Ofeninneren erzeugt wird (Abb. 16).

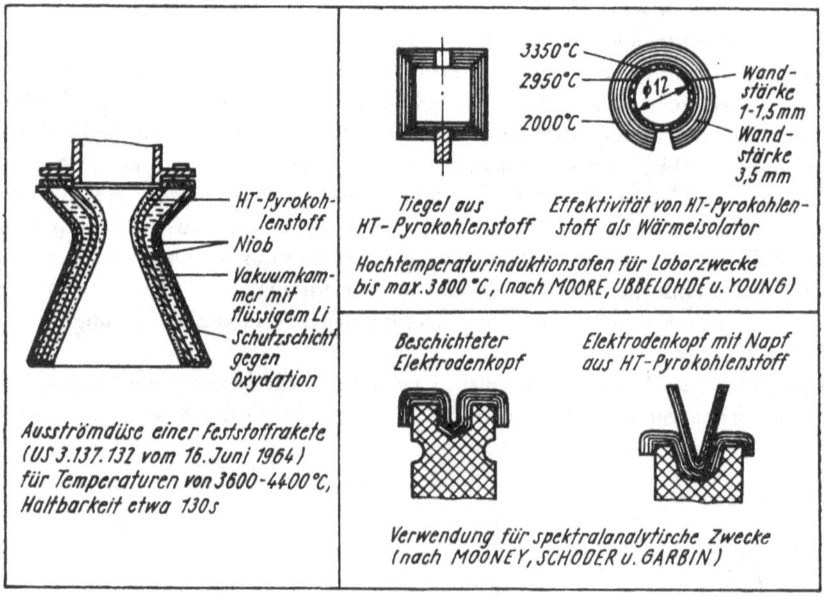

Abb. 16 Anwendung von Pyrographit [10]

Wird die Orientierung der Pyrographitschichten so gewählt, daß möglichst viel Wärme durch die Wände einer Hochtemperaturkammer transportiert werden kann, lassen sich Schmelzen in geeigneter Weise abkühlen. Auf diese Weise können Manipulationen, z. B. bestimmte Strukturentwicklungen, und Messungen an Materialien realisiert werden, die bis über 3000 °C erhitzt werden [10].

In besonderem Maße wird je nach Bedarf gute Wärmeleitfähigkeit oder Wärmeisolation von gut orientiertem Graphit in der Raketentechnik ausgenutzt (Abb. 16).

Durch das sog. Hitzeschild an der Raketenspitze wird die Wärme bei Wiedereintritt der Rakete in die Atmosphäre schnell abgeleitet und auf eine große Fläche verteilt. Darüber hinaus verhindert die gute Wärmeisolation senkrecht zu den Graphitschichten eine zu große Erwärmung des Raketeninneren.

In Abb. 11 ist noch Schaumkohlenstoff (Dichte 0,05 g/cm^3) mit einer außerordentlich geringen Wärmeleitfähigkeit eingezeichnet. Er ist als Isolationsmaterial bis zu höchsten Temperaturen einsetzbar. Damit ist noch einmal unterstrichen, daß sich heute auf Kohlenstoffbasis Werkstoffe mit Wärmeleitfähigkeiten realisieren lassen, die sich um einen Faktor 10^4 unterscheiden. Auf die besondere Bedeutung der guten Wärmeleitfähigkeit von Elektrodengraphit (Schraffur in Abb. 11) für das gute Thermoschockvermögen wird noch gesondert eingegangen.

3.3. Festigkeit und Elastizitätsmodul

Bis vor kurzem glaubte man, daß die größten in der Natur realisierten Festigkeitswerte diejenigen von Graphit sind. Die theoretische Festigkeit beträgt in Graphit in Richtung der hexogonalen Schichtebenen auf Grund der dort vorhandenen starken Bindungen 13 000 kp/mm^2 (siehe Abb. 11). Realisiert wurden davon bisher 2000 kp/mm^2 an Graphitwhiskern, die man durch Verdampfung von Kohlenstoff und anschließender Kondensation in einem Lichtbogen unter hohem Druck herstellen kann. In Abb. 11 ist für Karbin eine wesentlich höhere Festigkeit angegeben. Die theoretische Festigkeit von Karbin soll sogar 22 000 bis 23 000 kp/mm^2 betragen. Da solche Festigkeitswerte natürlich große Perspektiven einer technischen Nutzung eröffnen, laufen z. Z. in verschiedenen Laboratorien Forschungsarbeiten zur Herstellung von Karbin-Einkristallen.

Für Anwendungen interessieren besonders die mechanischen Eigenschaften von Kohlenstoffasern (Abb. 11). Ihre Herstellung erfolgt durch thermische Zersetzung organischer Natur- und Kunstfasern auf der Basis von Zellulose und wärmebeständigen Polymeren, insbesondere Polyacrylnitril (PAN). Kohlenstoffasern zeichnen sich neben einer hohen Festigkeit vor allem durch eine hohe Steifigkeit aus. Der Elastizitätsmodul ist höher als bei allen bisher bekannten Fasern und Drähten. Diese hervorragenden mechanischen Eigenschaften werden durch eine Hochtemperaturreckbehandlung erreicht, bei der unter der wirkenden Zugbeanspruchung die Ausrichtung der Kohlenstoffibrillen stark zunimmt. Somit sind Kohlenstoffasern in besonderem Maße als Verstärkungskomponenten geeignet und übertreffen die mit Glasfasern erreichten Verstärkungseigenschaften um ein Mehrfaches. So besitzt z. B. ein Kohlenstoffaser-Kunstharz-Verbundkörper auf Grund der geringen Dichte von Kohlenstoff (der Faseranteil kann bis 60% betragen) einen bisher von keinem Werkstoff erreichten spezifischen Elastizitätsmodul (Elastizitätsmodul pro Dichte) von 13 600 km im Vergleich zu 2 800 km für einen Verbundkörper mit Glasfasern. Damit bieten sich Anwendungen im Flugzeugbau für besonders stark beanspruchte Steuer- und Triebwerksaggregate, in der Raumfahrttechnik für Antennen- und

Satellitenteile oder auch im Sportgerätebau an. Der Anteil kohlenstoffaserverstärkter Kunststoffe an der Gesamtproduktion faserverstärkter Kunststoffe nimmt ständig zu, zumal erwartet wird, daß der Faserpreis innerhalb der nächsten 5—6 Jahre von etwa 100 $ pro kg auf etwa 15 $ pro kg sinkt. Grundlage dafür ist ein neues Herstellungsverfahren, bei dem man anstelle der bisher verwendeten PAN-Seide verstärkt auch Pech als Ausgangsprodukt für die Faserherstellung einsetzt und bei dem man ohne Reckbehandlung auskommt.

In immer stärkerem Umfang werden neuerdings auch Kohlenstoffasern für die Verstärkung von Metallen (Aluminium, Titan) und Oxiden eingesetzt. Dabei sind noch Probleme zu lösen, die in Verbindung stehen mit chemischen Reaktionen zwischen Faser und Matrix während des Herstellungsprozesses.

Die Anwendung von Kohlenstoffasermaterialien geht weit über die Verstärkungsaufgabe hinaus. Auf Grund der einzigartigen Kombination der charakteristischen Textileigenschaften, wie Flexibilität, Elastizität und geringes Gewicht mit den bereits besprochenen besonderen elektrischen, thermischen und chemischen Eigenschaften (Korrosionsbeständigkeit!) haben sich neue Möglichkeiten der Widerstandserhitzung, der Wärmeisolation bei hohen und höchsten Temperaturen sowie der Filterung heißer korrosiver Gase und Flüssigkeiten ergeben. So werden insbesondere in der Sowjetunion flexible Heizleiter für gleichmäßige großflächige Beheizung von Wänden und Kleidung eingesetzt. Neben Schaumkohlenstoff werden Kohlenstoffilze, -watte oder -wolle als billiges Isolationsmittel bis zu höchsten Temperaturen verwendet.

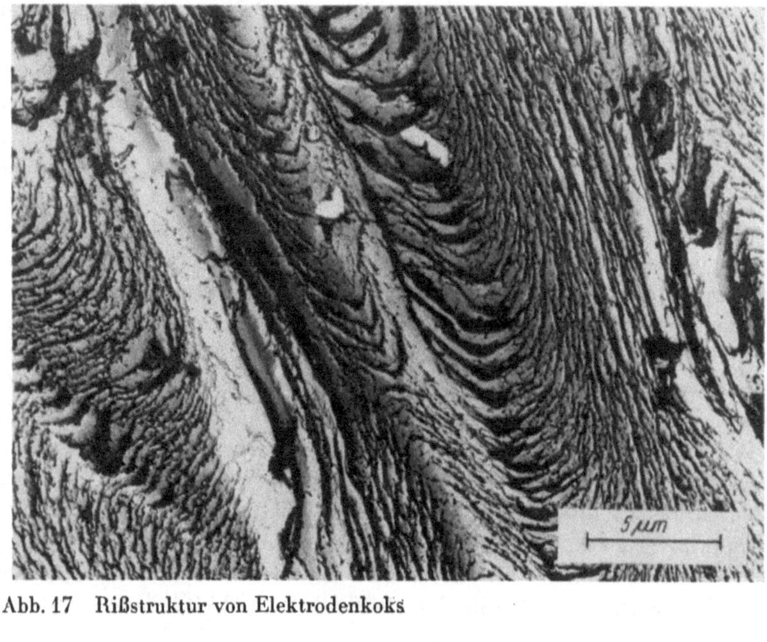

Abb. 17 Rißstruktur von Elektrodenkoks

In Abb. 11 sind weiterhin die Festigkeits- und Elastizitätsmodulwerte für Elektrodengraphit schraffiert eingezeichnet. Zug- und Biegefestigkeit sind im Vergleich zu Metallen bei Raumtemperatur zwar gering, doch besitzt Elektrodengraphit die einzigartige Eigenschaft, mit steigender Temperatur — bis etwa 2 500 °C — immer fester zu werden. Im Extremfall kann die Zugfestigkeit um einen Faktor 2,5 über dem Wert bei Zimmertemperatur liegen. Die Ursache für diese Festigkeitseigenschaften sind noch nicht vollständig geklärt. Sicher ist aber, daß infolge anisotroper Schrumpfung während der Abkühlung nach der Wärmebehandlung Eigenspannungen aufgebaut werden oder Gefüge- und Strukturdefekte — insbesondere Mikrorisse (Abb. 17) — auftreten, die das Festigkeitsniveau von Elektrodengraphit bei Raumtemperatur herabsetzen. Bei Erwärmung können durch Dilatation die Kontraktionsspannungen abgebaut werden und Gefüge- und Strukturdefekte ausheilen. Diesem Umstand kommt die leichte Gleitmöglichkeit von Graphit längs der Schichtebenen zugute.

3.4. Thermischer Ausdehnungskoeffizient

In ganz besonderem Maße kommt die Bindungsanisotropie des Graphits in der Anisotropie des thermischen Ausdehnungskoeffizienten zum Ausdruck. Nach Abb. 11 ist dieser innerhalb der Schichtebenen sogar negativ, während er senkrecht dazu den hohen Wert von $28{,}6 \times 10^{-6} K^{-1}$ aufweist. Wesentlich für Anwendungen ist der geringe Volumenausdehnungskoeffizient von Graphitwerkstoffen, wie Elektroden- und Reaktorgraphit. Abb. 17 zeigt die für Materialien mit niedrigem thermischem Ausdehnungskoeffizienten typische geordnete Mikrorißstruktur innerhalb eines Koksteilchens. Die Mikrorisse laufen parallel zu den Basisebenen und sind Ursache dafür, daß das Material „in sich" gedehnt werden kann (Akkomodation

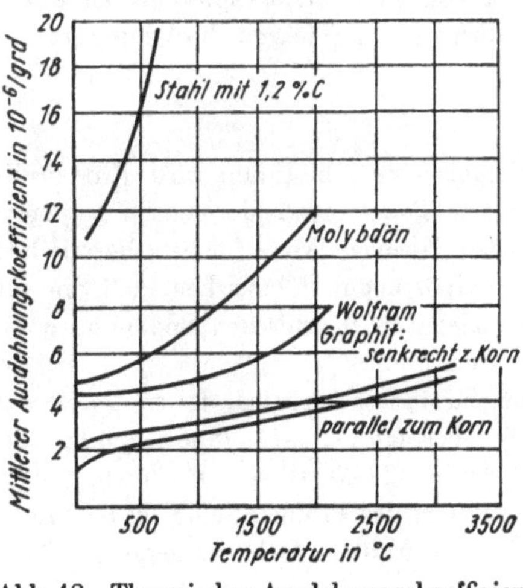

Abb. 18 Thermischer Ausdehnungskoeffizient von Graphit [11]

der Wärmedehnung). Der Ausdehnungskoeffizient des polykristallinen Graphits liegt wesentlich niedriger als der von Metallen (Abb. 18). Eine Folge davon ist die ausgezeichnete Thermoschockbeständigkeit von Elektrodengraphit und Reaktorgraphit für Hochtemperaturreaktoren (Abb. 11). Auf die Bedeutung dieser Werkstoffkenngröße für Elektrodengraphit wird im nächsten Abschnitt näher eingegangen.

Analog zu thermischen Dehnungen kann auch das durch Neutronenbestrahlung hervorgerufene und durch Gitterfehlstellen bedingte kristalline Wachstum im Graphitwerkstoff weitgehend abgefangen werden. Dieses WIGNER-Wachstum beträgt bei Reaktorgraphit weniger als 10% der Gitteraufweitung seiner einkristallinen Bestandteile.

4. Elektrodengraphit

Der Anteil des Elektrostahls an der Gesamtstahlerzeugung nimmt ständig zu. Voraussetzung dafür sind immer leistungsfähigere Graphitelektroden. Vom Stahlwerk wird ein möglichst niedriger Elektrodenverbrauch bei hoher Strombelastung gefordert (5 bis 6 kg/t Flüssigstahl). Ungefähr 35% des Verbrauchs wird durch Abplatzen von Stücken und Abfallen von Elektrodenresten bestimmt. Abb. 19 zeigt charakteristische Werkstoffeinsatzbedingungen im Elektrostahlofen. Diese sind durch das Auftreten starker inhomogener Temperaturfelder infolge lokaler Erwärmung der Elektrodenspitze durch den Lichtbogen oder im Elektrodeninneren durch JOULEsche Wärme infolge des Stromflusses charakterisiert. Die inhomogenen Temperaturfelder, die sich infolge häufigen Zündens des Lichtbogens rasch ändern, bedingen unter Umständen kritische thermische Spannungen, die zu Rißbildung und Rißausbreitung bis zum Bruch ganzer Elektrodenstücke führen können. Aus diesen Gründen wird das Thermoschockverhalten von Elektrodengraphit als eine relevante Werkstoffeigenschaft angesehen, die durch die als Thermoschockgütewert

$$M_{TS} = \frac{\sigma_B k}{\alpha E}$$

bezeichnete Kombination von vier Materialparametern bestimmt wird. Eine große Wärmeleitfähigkeit k sichert, daß inhomogene Temperaturfelder nur in geringem Maße aufgebaut bzw. schnell abgebaut werden. Niedrige Werte für den thermischen Ausdehnungskoeffizienten α und den Elastizitätsmodul E bewirken, daß die aus den inhomogenen Temperaturfeldern resultierenden thermischen Spannungen im Vergleich zur Bruchspannung σ_B möglichst klein bleiben.

Elektrodengraphit ist dadurch ausgezeichnet, daß er bezüglich der so definierten Thermoschockgüte alle anderen Werkstoffe überragt (Abb. 11). Spezielle Graphitsorten vertragen Schockabschreckungen von über 2 000 °C — z. B. durch Fallenlassen in Wasser — ohne Schaden. Es ergibt sich das Problem, eine solche Werkstoffkenngröße experimentell zu erfassen, da es nicht einfach ist, derartige Temperaturgradienten definiert zu erzeugen.

Im ZFW wurde dazu ein Elektronenstrahlofen benutzt (Abb. 19). Der Elektronenstrahl läßt sich auf einer Graphitscheibe geeignet führen, um eine solche radiale Temperaturverteilung und damit genügend große thermische Zugspannungen am Scheibenrand zu erzeugen, daß die Scheibe reißt. Die thermische Spannung ist proportional zur eingespeisten Leistung des Elektronenstrahls. Damit läßt sich die Thermoschockgüte unmittelbar über die gemessene Leistung zur Erzeugung eines Scheibenrisses bestimmen.

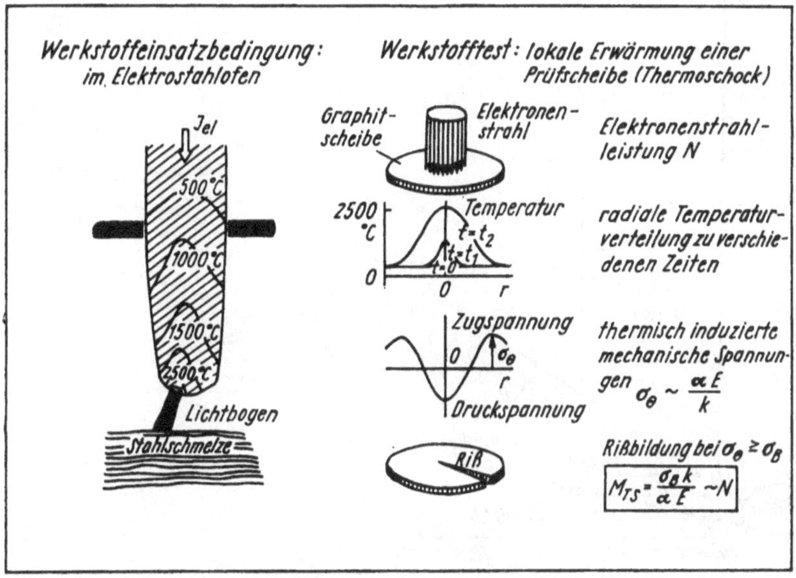

Abb. 19 Thermoschockuntersuchungen an Elektrodengraphit

Die entwickelte Methode dient nicht nur dazu, unterschiedliche Graphitelektrodenmateralien durch ihre Thermoschockgütewerte zu charakterisieren. Unterschiede im beobachteten Bruchverhalten lassen danach fragen, unter welchen Bedingungen Elektroden bruchzäh gemacht werden können.

In Abb. 20 ist die spezifische Bruchflächenenergie über dem Elastizitätsmodul für Graphit und einige Keramiken aufgetragen. Da sowohl Bruchflächenenergie als auch Elastizitätsmodul durch die Bindungen zwischen den Atomen bestimmt werden, sollten beide Größen zueinander proportional sein und für verschiedene spröde Materialien in dem gemeinsamen unteren Proportionalitätsbereich liegen. Graphit und einige Glaskeramiken fallen da heraus, was den Schluß zuläßt, daß in diesen Fällen bei der Erzeugung freier Oberflächen offenbar zusätzliche energiedissipative Mechanismen wirken. Zum Beispiel könnte ein Mechanismus darin bestehen, daß beim Rißfortschritt außer der eigentlichen Bruchfläche zusätzliche innere Bruchflächen durch Bildung und Ausbreitung von Mikrorissen entstehen.

Daß solche Mikrorisse in Graphit eine Rolle spielen, war schon im Zusammenhang mit dem niedrigen thermischen Ausdehnungskoeffizienten (Akkomodationseffekt) und der Festigkeitssteigerung durch Ausheilen von Mikrorissen bei Temperaturerhöhung diskutiert worden.

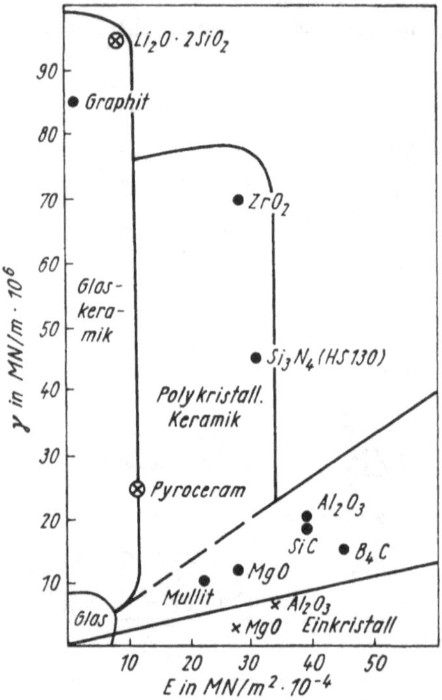

Abb. 20 Spezifische Bruchflächenenergie γ in Abhängigkeit vom Elastizitätsmodul nach [12]

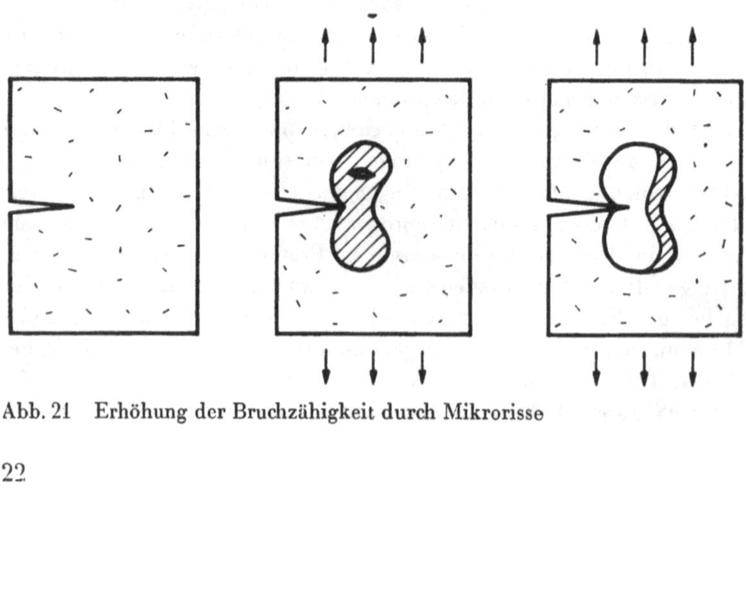

Abb. 21 Erhöhung der Bruchzähigkeit durch Mikrorisse

Am ZFW wird gegenwärtig an einem theoretischen Bruchzähigkeitsmodell gearbeitet [13], das die Energiedissipation durch Mikrorisse in spröden Werkstoffen berücksichtigt. In Abb. 21 ist eine Mikrorißwolke um einen Hauptriß gezeigt. Breitet sich der Hauptriß aus, werden Mikrorißkeime in der Umgebung der Mikrorißfront aktiviert. Damit wird für die Bewegung des Hauptrisses mehr Energie benötigt als ohne Mikrorisse, was einer Bruchzähigkeitssteigerung entspricht. Für spezielle Keramiken konnte die bruchzähigkeitssteigernde Wirkung von Mikrorissen bereits experimentell nachgewiesen werden [14].

5. Kleinkohleerzeugnisse

Das umfangreiche Anwendungsgebiet der konventionellen Kleinkohleerzeugnisse [15] erstreckt sich von Potentiometerkohlen für Meßinstrumente der Abmessung 1×1 mm^2 bis zu großformatigen Formkörpern mit Durchmessern bis 600 mm für den Maschinenbau und die metallurgische Industrie. In Tab. 1 werden die Hauptanwendungsgebiete der Kleinkohleerzeugnisse sowie die Anforderungen an die Qualität angegeben, die neben den bekannten Grundeigenschaften der Kohlenstoffwerkstoffe für den jeweiligen Anwendungszweck von besonderer Bedeutung sind. Auf einigen Anwendungsgebieten werden die traditionellen Kleinkohleerzeugnisse zunehmend durch die im nächsten Abschnitt zu behandelnden Sonderkohlenstoffwerkstoffe ersetzt.

Eines der Hauptanwendungsgebiete von Kleinkohleerzeugnissen sind Bürsten und Schleifringe zur Kontaktbildung in elektrischen Maschinen. Sie gehören zu den wichtigsten Konstruktionselementen von Generatoren und Motoren. Die Bezeichnung „Bürste“ geht auf die in den Anfängen des Elektromotorenbaues für die Stromübertragung verwendeten bürstenförmigen Metalldrahtbügel zurück. Am universellsten sind Elektrodengraphitbürsten einsetzbar infolge der hier vorhandenen optimalen Kombination elektrischer und mechanischer Eigenschaften.

Zur Erhöhung der elektrischen Leitfähigkeit und der Verschleißfestigkeit hat es sich als zweckmäßig erwiesen, die porösen Graphitkörper mit bestimmten Metallen, z. B. Kupfer oder Antimon, zu tränken. Da Graphitwerkstoffe gegenüber Metallen eine geringe Benetzung zeigen, muß mit hohem Druck getränkt werden. Neue Entwicklungen metallimprägnierter Stromübertragungselemente für elektrische Fahrzeuge hoher Geschwindigkeit (Eisenbahn 300 km/h, Magnetschwebefahrzeuge 500 km/h) sind noch nicht abgeschlossen.

In Tab. 1 wird auf weitere Anwendungen näher eingegangen, die in neuerer Zeit ständig an Bedeutung gewinnen. Die steigende Verwendung von Graphitwerkstoffen als Kokillenmaterial für Stranggußanlagen beruht auf der hohen chemischen und thermischen Beständigkeit, der hohen Wärmeleitfähigkeit, den guten Gleit- und Schmiereigenschaften und der leichten Bearbeitbarkeit von Kohlenstoffwerkstoffen. Besonders wichtig ist die bereits erwähnte geringe Benetzbarkeit von Kohlenstoff durch Metalle. Dies gilt insbesondere für die Nichteisenmetalle, die

Tabelle 1
Hauptanwendungsgebiete von Kleinkohleerzeugnissen [15]

Industriezweig	Hauptanwendungsgebiete	relevante Eigenschaften
Elektrotechnik	Bürsten für rotierende elektrische Maschinen	
	Kohleschleifstücke als Abnehmerkontakte für elektrische Triebfahrzeuge	Lichtbogenbeständigkeit
	Kohlewiderstandsscheiben für stufenlose Widerstandsregler	hohe Verschleißfestigkeit
	Batteriestifte (Elementkohlen)	
	Lichtbogenkohlen für die Kinoprojektion	
	Fotokohlen für die graphische Reproduktion	
Metallurgie	Kokillen für Stranggußanlagen	
	Matrizen für das Drucksintern	geringe Benetzung
	Tiegel für das Schmelzen von Metallen und Silikaten	
Maschinen- und Fahrzeugbau	Friktions- und Gleitwerkstoffe (Kupplungen, Bremsen, Lager)	gute Gleiteigenschaften (Schmierwirkung durch Graphitfilm), hohe Wärmeleitfähigkeit hohe Verschleißfestigkeit
	Werkzeuge für die funkenerosive Bearbeitung Schweißkohlen	hohe Verschleißfestigkeit
Halbleiterindustrie und Analytik	Formkörper (Tiegel u. a.) für die Kristallzüchtung, Dotierung und für Zwecke der Epitaxie Spektralkohlen	hohe Reinheit

mit Kohlenstoff keine, oder wie im Falle von Aluminium erst bei Temperaturen weit über der Gießtemperatur, Karbide bilden. Dadurch läßt sich neben hohen Abzugsgeschwindigkeiten und damit hoher Wirtschaftlichkeit ein weitgehend homogenes Gußgefüge bei hoher Oberflächengüte des Stranges erzielen. In zunehmendem Maße wird auch Grauguß wirtschaftlich in Graphitkokillen vergossen.

Ein weiteres wichtiges Anwendungsgebiet sind die Friktions- und Gleitwerkstoffe für Kupplungen, Bremsen und Lager. Bei den Friktionswerkstoffen wird Graphit bis zu 30% (mehr als 50 Vol.-%) auf pulvermetallurgischem Wege in ein metallisches Skelett, z. B. Eisen oder Bronze eingelagert. Graphit dient auf Grund seiner gleitfördernden Eigenschaften zur Stabilisierung des Reibungsablaufes und damit zur Verbesserung des Verschleißverhaltens, besonders bei hohen Beanspruchungsbedingungen. Die Gleitwerkstoffe verdanken dem Graphit die gute Schmierwirkung auf Grund der Bildung eines Graphitfilmes. Die Ursache dafür sind, wie bereits erwähnt, die schwachen Bindungskräfte zwischen den Schichtebenen des Graphits.

Bei der Verwendung von Kohlenstoffwerkstoffen als Elektrodenmaterial für die elektroerosive Bearbeitung ist etwa die doppelte Abtragsleistung im Vergleich zu Kupferelektroden erreichbar. Weitere Vorteile von Kohlenstoffwerkstoffen gegenüber Kupfer sind hier die hohe chemische Beständigkeit, das wesentlich geringere Gewicht und die leichte Bearbeitbarkeit.

6. Sonderkohlenstoffwerkstoffe

Die mit den neuartigen Sonderkohlenstoffwerkstoffen realisierbare breite Eigenschaftspalette wurde bereits in Abb. 1 angedeutet. Diese Werkstoffe entsprechen einerseits weitestgehend den Eigenschaften des Graphiteinkristalls, andererseits vereinen sie die Vorzüge parakristalliner Kohlenstoffstrukturen. Hierdurch haben sich neue Anwendungsmöglichkeiten, vor allem in der Raketen-, Reaktor-, Halbleiter- und Hochtemperaturtechnik ergeben [16]. In Tab. 2 wird ein Überblick über solche Anwendungsmöglichkeiten gegeben.

Glasartiger Kohlenstoff [17] könnte auf Grund seiner geringen Reaktionsfähigkeit und seiner hohen Reinheit vor allem auf den verschiedenen Gebieten der Analytik eingesetzt werden und z. B. die teureren Platingeräte ersetzen.

Für spezielle Anwendung der Hochtemperatur- und Hochtemperaturvakuumtechnik sind die niedrige Gasdurchlässigkeit, die bis zu hohen Temperaturen und geringen Wandstärken der Formkörper bestehen bleibt, die geringe Gasabgabe, die sehr gute Maßhaltigkeit, das gute induktive Ankopplungsverhalten und die hohe mechanische Festigkeit von glasartigem Kohlenstoff wesentlich.

Die ausgezeichnete Wärmeisolierung von geschäumtem glasartigem Kohlenstoff bis zu höchsten Temperaturen wurde bereits erwähnt, wobei insbesondere die unkomplizierte Formgebung von Vorteil ist.

Tabelle 2
Sonderkohlenstoffwerkstoffe

Bezeichnung	Relevante Eigenschaften	Erprobte bzw. sich abzeichnende Anwendungsgebiete
1. Glasartiger Kohlenstoff („glassy carbon“)	— isotrop — geringe Permeabilität bis zu hohen Temperaturen — geringe „effektive“ Reaktionsfähigkeit — hohe „effektive Reinheit“	— verschiedene Gebiete der Analytik u. a. als • Elektrode für voltametrische Bestimmungen • Ersatz von Platin • Radelektrode — Hochtemperatur- u. Hochtemperaturvakuumtechnik — Metallverdampfung — Halbleitertechnik — Medizin
2. Pyrolytischer Kohlenstoff als		
— Schicht auf Unterlagen	— geringe Permeabilität — rein — geringe „effektive“ Reaktionsfähigkeit — hart	— Halbleitertechnik — Hochtemperaturvakuumtechnik — Medizin — Reaktortechnik
Massivkörper	— anisotrop — niedrige Wärmeleitfähigkeit senkrecht zur Schichtorientierung	— Raketentechnik — Hochleistungsröhren
rekristallisierter Massivkörper (Quasieinkristall)	— hohe Anisotropie — quasieinkristalline Eigenschaften	— Monochromator für • Röntgenstrahlen • Neutronen — Polarisation von Photonen

Fortsetzung Tabelle 2

Bezeichnung	Relevante Eigenschaften	Erprobte bzw. sich abzeichnende Anwendungsgebiete
3. Flexibler Kohlenstoff als		
— Filz, Wolle, Watte — Gewebe, Garn, Seide	— geringe Wärmeleitfähigkeit — hohe Verdampfungstemperatur — Flexibilität	— Hochtemperaturisolation — Katalysatorträger — Substitution von Stahl im chemischen Apparatebau (insbes. Düngemittelind.) — stationäre Heizkörper — instationäre Heizkörper und Heizleiter
— hochfeste Seide	— hoher E-Modul — hohe Festigkeit	Verbundwerkstoffe mit Kunststoffen und Metallen
— Graphitfolie	— Flexibilität — anisotrope Eigenschaften — geringe Permeabilität — selbstschmierend	— Dichtungsmaterial für Motoren- und Kompressorenbau — Wärmeisolation — Heizleiter

In der Halbleitertechnik wird glasartiger Kohlenstoff als Heizunterlage für die epitaxiale Aufdampfung von Silizium eingesetzt. Auch bietet glasartiger Kohlenstoff erhebliche Vorteile gegenüber bisher verwendeten Werkstoffen beim Schmelzen von Halbleitersubstanzen.

Auf Grund seiner hervorragenden Gewebeverträglichkeit und bioaktiven Wirkung wird glasartiger Kohlenstoff in immer stärkerem Maße auch in der Medizin angewendet. Dazu gehören Prothesen in der Herz- und Gefäßchirurgie, der Kiefer- und Gehirnchirurgie sowie weitere Anwendungsgebiete. In den USA werden schon heute 40 000 Herzklappen (Abb. 22) und etwa 200 000 Gelenkteile pro Jahr aus Kohlenstoff verwendet. In England wurde kürzlich ein spezielles Forschungslabor zur Untersuchung der medizinischen Anwendungsgebiete von Kohlenstoff gegründet.

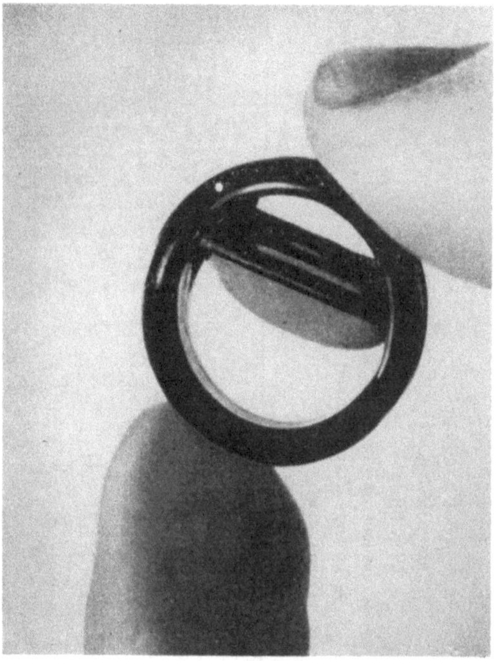

Abb. 22 Künstliche Herzklappe aus Kohlenstoff [5]

Pyrokohlenstoff- und Pyrographit werden vor allem in der Hochtemperaturvakuumtechnik eingesetzt. Ein aus Pyrographit bestehendes Thermoelement sollte bis 3 000 °C oder mehr einsetzbar sein. Dabei wird von der Anisotropie der Thermokraft Gebrauch gemacht, wobei zwei unterschiedlich orientierte Stücke desselben Materials verwendet werden. Ein Vorteil einer solchen Kombination ist, daß bei hohen Temperaturen die thermische Diffusion der Atome die Zusammensetzung der heißen Verbindung nicht ändern kann. Dadurch wird die langsame Zersetzung vermieden, die neben anderen Gründen den langen Gebrauch eines Legierungsthermoelementes unmöglich macht.

In der Reaktortechnik werden Kernbrennstoffteilchen für Hochtemperaturgasreaktoren mit Pyrokohlenstoffschichten umhüllt, um den Austritt der Spaltprodukte des Kerns in das Kühlgas zu verhindern. In Abb. 23 ist die geringe Gasdurchlässigkeit von Sonderkohlenstoffwerkstoffen im Vergleich zu konventionellen Kohlenstoffwerkstoffen gezeigt.

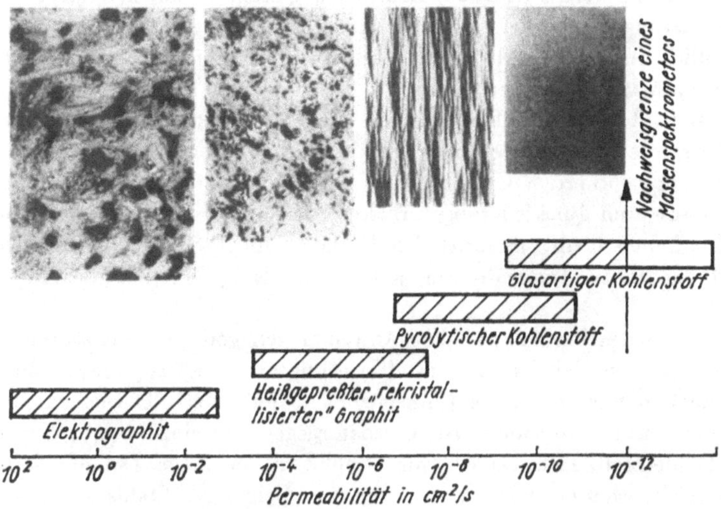

Abb. 23 Gasdurchlässigkeit von Sonderkohlenstoffwerkstoffen

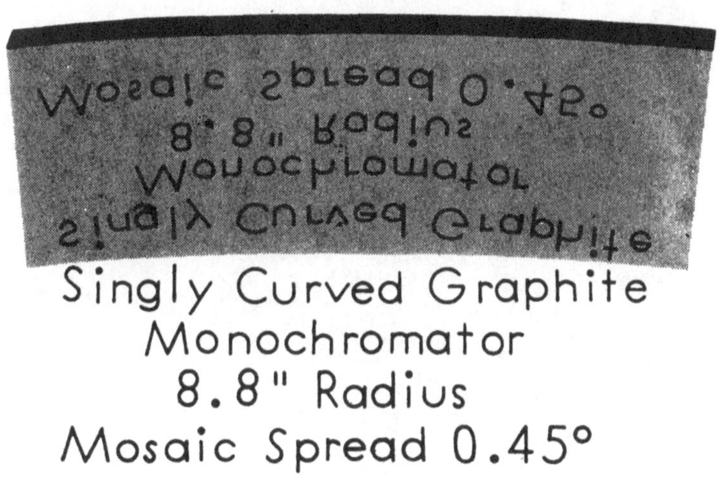

Abb. 24 Monochromatoren aus Pyrographit [18]

Die Anwendung von Pyrographit für Raketendüsen und als Hitzeschild wurde bereits besprochen. In Funk- und Fernsehsendern oder -umsetzern werden die hochbelasteten metallischen Schirm- und Steuergitter in immer stärkerem Maße durch Pyrographit ersetzt, wodurch eine wesentliche Steigerung der Leistungsdichte erreicht wird. Die Bearbeitung der Pyrographitschichten von wenigen Millimetern erfolgt mittels Laser- oder Elektronenstrahl.

Aus rekristallisiertem Pyrographit werden Monochromatoren für Röntgenstrahlen und Neutronen hergestellt (Abb. 24). Durch das geringe Absorptionsvermögen und die Fokussierungsmöglichkeiten verkürzen sich die Zeiten für Röntgenaufnahmen wesentlich. In der SU soll der auf diese Weise erzielbare Nutzen mehrere Millionen Rubel pro Jahr betragen.

Auf den Einsatz flexibler Kohlenstoffe vor allem in Verbundwerkstoffen und für Heizzwecke wurde bereits eingegangen. Flexible Graphitfolien lassen sich durch Verpressen von aufgelockertem Graphit ohne Bindemitteleinsatz herstellen. Das gute Kompressions- und Rückfederungsverhalten, das bis zu Temperaturen von über 2 000 °C erhalten bleibt, gestattet den Einsatz von Graphitfolien als Dichtungswerkstoff bei hohen Temperaturen, z. B. auch als Zylinderkopfdichtungen bei Motoren.

Mit den letzten Beispielen zu speziellen Anwendungen von Graphitwerkstoffen sollte angedeutet werden, daß die Kohlenstofforschung heute erst am Anfang ihrer Entwicklung steht und trotzdem die Einschätzung „Kohlenstoff als Element des 20. Jahrhunderts“ nicht unbegründet ist. Die naturgegebenen einzigartigen Eigenschaften von Kohlenstoff, insbesondere von Graphit, haben lange Zeit die Züchtung spezieller Eigenschaften, wie sie etwa auf dem Gebiet des Stahls schon vor Jahrzehnten einsetzte, nur in geringem Umfang erforderlich gemacht. Heute hat auch auf dem Gebiet der Kohlenstoffwerkstoffe eine ähnliche Entwicklung begonnen.

Literatur

[1] Findeisen, B.: Freiberger Forschungshefte 296 (1975) S. 121—139.
[2] Haaland, K.: Carbon **14**/6 (1976), S. 357.
[3] Kasatotschkin, V. I. u. a.: Dokl. Akad. Nauk. SSSR **217**/4 (1974) S. 796.
[4] Nach Boehm, H. P. und Hofmann: Ber. Dtsch. Keram. Ges. **41** (1964), S. 128.
[5] Jenkins, G. M. und Kawamura, K.: Cambridge, University Press 1976.
[6] Vogel, F. L.: Bull. Am. Phys. Soc. **21** (1976), S. 262.
[7] Ubbelohde, A. R.: Umschau **21** (1971) S. 786.
[8] Thompson, T. E. u. a.: Carbon **15** (177) S. 39.
[9] Kelly, B. T.: Chemistry and Physics of Carbon, Band 5 (1969), S. 121.
[10] Moore, A. W. u. a.: Br. J. Appl. Phys. **13** (1962) S. 393.
Ubbelohde, A. R.: Nature **193** (1962) S. 571.
[11] Semmler, J.: Stahl u. Eisen **87** (1967) Nr. 7, S. 364.
[12] Mecholsky, J. J. u. a.: J. Mater. Science **11** (1976) 1310—1319.
[13] Pompe, W. u. a.: eingereicht bei J. Mater. Science.
[14] Claussen, N.: J. Amer. Ceram. Soc. **59**/1—2 (1976), S. 49.
[15] Findeisen, B.: in Einführung in die Werkstoffwissenschaften Band 3, Herausgeber W. Schatt (im Druck).
[16] Findeisen, B.: Technik 23/6 (1968) S. 393.
[17] Findeisen, B.: Vortrag 2. Int. Kunstkohlekonferenz ČSSR, Okt. 1975.
[18] Moore, A. W.: in Chemistry and Physics of Carbon **11** (1973) S. 156, Marcel Dekker, New York.

FSC
www.fsc.org
MIX
Papier | Fördert gute Waldnutzung
FSC® C083411

Zeitfracht Medien GmbH
Ferdinand-Jühlke-Straße 7
99095 Erfurt, Deutschland
produktsicherheit@kolibri360.de